Kaddour ZIANI
Mostapha BRAHMI

Técnicas de conservação de alimentos

Kaddour ZIANI
Mostapha BRAHMI

Técnicas de conservação de alimentos

ScienciaScripts

Imprint
Any brand names and product names mentioned in this book are subject to trademark, brand or patent protection and are trademarks or registered trademarks of their respective holders. The use of brand names, product names, common names, trade names, product descriptions etc. even without a particular marking in this work is in no way to be construed to mean that such names may be regarded as unrestricted in respect of trademark and brand protection legislation and could thus be used by anyone.

Cover image: www.ingimage.com

This book is a translation from the original published under ISBN 978-620-3-45018-7.

Publisher:
Sciencia Scripts
is a trademark of
Dodo Books Indian Ocean Ltd. and OmniScriptum S.R.L publishing group

120 High Road, East Finchley, London, N2 9ED, United Kingdom
Str. Armeneasca 28/1, office 1, Chisinau MD-2012, Republic of Moldova, Europe
Printed at: see last page
ISBN: 978-620-5-76702-3

TÉCNICAS DE CONSERVAÇÃO DE ALIMENTOS KADDOUR ZIANI

ÍNDICE

PREÂMBULO

"Um alimento é um alimento comestível e ao mesmo tempo nutritivo, apetitoso e habitual". J. Trémolières

Uma receita dietética de qualidade não pode passar sem um bom conhecimento dos alimentos que são os vectores de macro e micronutrientes. O objectivo dos alimentos é satisfazer as necessidades energéticas e nutricionais mas também as expectativas hedónicas e simbólicas sob a forma de uma assembleia - a refeição - geralmente partilhada. Apesar da sua complexidade natural e grande diversidade, é possível agrupar os alimentos em classes com características comuns. Desde a antiguidade, tem sido necessário desenvolver técnicas de conservação dos alimentos a fim de preservar a sua comestibilidade e as suas propriedades gustativas e nutricionais, e especialmente para assegurar a disponibilidade dos alimentos. A conservação dos alimentos é também um factor importante na segurança alimentar. Requer a luta contra factores que alteram a qualidade dos alimentos ou a sua comestibilidade e envolve a prevenção do crescimento de microrganismos (bactérias, fungos), retardando a oxidação das gorduras que causam ranço, lise de tecidos ricos em proteínas, e prolongando o prazo de validade dos produtos. Alguns métodos de conservação são muito antigos, outros são mais recentes. A conservação dos alimentos reflecte o conhecimento científico, a experiência e os meios disponíveis. A conservação dos alimentos é um método utilizado para preservar e prevenir possíveis alterações por factores químicos (oxidação), físicos (temperatura) ou biológicos (microrganismos ou enzimas). A taxa de deterioração depende das características "intrínsecas" de cada alimento e das condições que estão relacionadas com o ambiente. Estes cursos são oferecidos a estudantes de microbiologia, ciência alimentar, nutrição, etc., permitindo aos estudantes conhecer as diferentes técnicas clássicas, recentes, domésticas e industriais de conservação utilizadas no campo da produção e comercialização de alimentos.

INTRODUÇÃO GERAL

Um "alimento" ou "género alimentício" é definido como "qualquer substância ou produto, quer processado, parcialmente processado ou não processado, destinado a ser, ou razoavelmente esperado que seja ingerido por seres humanos". Esta definição inclui "bebidas, pastilhas elásticas e qualquer substância, incluindo água, intencionalmente incorporada nos alimentos durante o seu fabrico, preparação ou transformação": "alimentos para animais, animais vivos a menos que preparados para consumo humano, plantas antes da colheita, drogas, cosméticos, tabaco e produtos do tabaco, narcóticos e substâncias psicotrópicas, resíduos e contaminantes".Com excepção de alguns alimentos muito puros secos e cristalizados (sal, açúcar), os alimentos sofrem ao longo do tempo alterações químicas (por exemplo, oxidação de gorduras causadoras de rancidez), bioquímicas (por exemplo, proteólise) e biológicas (por exemplo, desenvolvimento de microrganismos) que resultam em alterações organolépticas, nutricionais e/ou sanitárias. Para limitar esta degradação e prolongar a sua duração, tornou-se rapidamente necessário desenvolver técnicas de conservação que assegurassem alimentos saudáveis e não perigosos que se mantivessem o mais tempo possível.Ao longo dos séculos, o homem tem procurado métodos para preservar os seus alimentos. Esta conservação visa preservar a sua comestibilidade e as suas propriedades gustativas e nutricionais, implica em particular evitar o crescimento de microrganismos e retardar as reacções de deterioração dos alimentos. A conservação é geralmente definida como um método utilizado para preservar uma condição existente ou para evitar alterações que possam ser causadas por factores químicos (por exemplo, oxidação), físicos (por exemplo, temperatura, luz), ou biológicos (por exemplo, microrganismos). Além disso, a taxa de alteração depende das características dos Os primeiros métodos de conservação foram as condições "intrínsecas" ligadas ao alimento e as condições "extrínsecas" ligadas ao ambiente. Aos primeiros e simples métodos de conservação (secagem), vieram as técnicas de salga, conservação por açúcar (compotas) e fermentação (vinho, queijo, etc.). No século passado surgiu a conservação por calor e mais recentemente pelo frio, com o desenvolvimento de instalações frigoríficas. Estes diferentes processos têm as suas próprias vantagens e desvantagens. As técnicas de conservação alimentar podem ser classificadas em três grupos: físicas, físico-químicas ou microbiológicas: O primeiro grupo destas técnicas, utiliza processos físicos tais como temperatura, pressão, radiação ionizante, campo eléctrico, etc. No entanto, o segundo grupo, baseia-se na modificação das características intrínsecas do alimento como: pH, Aw, ou incorpora aditivos no alimento para a sua conservação. O último grupo, baseia-se na utilização de microrganismos para a modificação das características físico-químicas do alimento; a técnica mais respondida é a fermentação. Geralmente, a combinação de várias técnicas de conservação também pode ser considerada para aumentar o tempo de conservação de um alimento sem causar uma alteração significativa nas suas propriedades sensoriais e nutricionais. Estas técnicas de conservação baseiam-se essencialmente nestes princípios:

1. pasteurização, esterilização, apertização, tratamento a temperatura ultra-alta (UHT) ;

2. Frio: refrigeração, congelação, ultracongelação;

3. Modificação do pH: acidificação por fermentação ou por adição;

4. Modificação da atmosfera em torno dos alimentos: o oxigénio é reduzido (embalagem a vácuo) ou substituído por outro gás (embalagem

em atmosfera modificada);

5. Separação e eliminação da água: por adição de sal (salga, salmoura) ou açúcar (confisco), por secagem (desidratação) ou por criodessecação (liofilização);

CAPÍTULO I

TEMPO DE VIDA DOS ALIMENTOS

A conservação de alimentos é o processo de tratamento e manipulação de alimentos de tal forma que a sua deterioração é interrompida ou muito retardada para evitar possíveis intoxicações alimentares, mantendo simultaneamente as suas qualidades organolépticas (textura e sabor) e nutricionais. No entanto, uma boa conservação implica que a carga microbiana a ser tratada é a mais baixa possível, daí a importância das condições higiénicas de fabrico, preparação e armazenamento. Para se multiplicarem, os microrganismos necessitam: nutrientes, água, calor e oxigénio (excepto para as bactérias anaeróbias). Para evitar a sua proliferação, alguns tratamentos de conservação visam privá-los de um destes elementos, tornando assim o ambiente desfavorável ao seu crescimento, enquanto outros visam a eliminação total dos microrganismos.

4.1 Qual é o "prazo de validade de um alimento" ?

O "prazo de conservação de um alimento" é definido como "o período de tempo durante o qual um produto cumpre as especificações em termos de segurança (inocuidade) e salubridade (ausência de deterioração), nas condições previstas de armazenamento - essencialmente a temperatura de conservação - e utilização, inclusive pelo consumidor".Este "começa na data de origem ou dia zero (Jo), data fixada pelo fabricante, que corresponde à fase de fabrico mais apropriada e relevante, e que, para um determinado alimento, é sempre a mesma".O prazo de conservação microbiológica de um alimento é definido, de acordo com a norma NF V01-002, como o "período, a partir da data de origem Jo, durante o qual o alimento permanece dentro de limites microbiológicos fixos". Os microrganismos patogénicos, bem como os microrganismos de alteração, são tidos em conta. O fim da validade microbiológica corresponde ao momento em que o alimento se tornou impróprio para consumo devido à presença de microrganismos de deterioração a um nível inaceitável, ou prejudicial para a saúde devido à presença de microrganismos patogénicos e/ou as suas toxinas. Portanto, o prazo de validade do alimento indica ao consumidor até que data um alimento pode ser armazenado e consumido sem se tornar perigoso para a sua saúde.

4.2 Como determinar uma vida útil ?

O prazo de conservação de um alimento depende de muitos factores: a composição e características físico-químicas do alimento, a natureza e qualidade das matérias-primas e ingredientes, o processo de fabrico, o tipo de embalagem, os métodos de conservação, as condições de armazenamento (especialmente a temperatura de conservação) e a utilização previsível pelos consumidores.Esta duração é determinada pelos profissionais do sector alimentar.Para um alimento pré-embalado, o prazo de conservação é da responsabilidade do fabricante. O fabricante deve ter em conta as condições de conservação razoavelmente previsíveis em toda a cadeia de frio, desde o fabrico até ao consumo. O prazo de conservação de um alimento é estabelecido para um produto não aberto, quer pelo consumidor final quer por um profissional (artesãos, supermercados, restaurantes). A determinação de um prazo de validade secundário é da responsabilidade dos operadores que desembalam o produto acabado para o venderem pelo corte, por exemplo. Contudo, o prazo de validade secundário não pode exceder o prazo de validade inicialmente estabelecido pelo fabricante, a menos que um tratamento de conservação tenha sido implementado pelo segundo operador.Antes de determinar um prazo de validade, é necessário que o profissional tenha estabelecido um PMS (Plan de Maitrise de Sécurité) a fim de limitar a variabilidade da contaminação inter e intra-lotes e assim obter um produto com as mesmas características.Os operadores do sector alimentar responsáveis pelo fabrico de géneros alimentícios devem realizar estudos para examinar se os critérios microbiológicos são cumpridos durante o prazo de validade. No entanto, todos os microrganismos (patogénicos ou deteriorados) que possam evoluir durante o prazo de conservação dos alimentos devem ser considerados.

Estes estudos incluem sistematicamente:

▪ A descrição do produto, em particular a informação sobre as características físico-químicas e biológicas: pH, aw (actividade da água), teor de sal, descrição da possível flora tecnológica e/ou natural, concentração de aditivos utilizados (especialmente conservantes), etc. ;

▪ Descrição detalada do processo de fabrico, transformação, embalagem e armazenamento;

▪ Dados da literatura científica ou estudos anteriores sobre produtos vizinhos;

▪ Dados históricos de auto-controlos.

Para produtos que foram fabricados durante vários meses ou anos, a utilização de dados históricos de reensaio é essencial para justificar que um prazo de validade microbiológica é adequado. Pode ser suficiente para garantir que o prazo de validade determinado é apropriado, desde que o alimento não seja modificado.

Os dados recolhidos durante as análises de auto-verificação indicam "os níveis de contaminação encontrados no ambiente de produção, matérias-primas e produtos acabados, para os microrganismos de interesse (perigos identificados, microrganismos de deterioração, indicadores de higiene), em condições reais de funcionamento". Em caso de desenvolvimento de um novo produto ou modificação na composição do alimento, no processo de fabrico, na embalagem, na fábrica ou no equipamento de produção, o prazo de validade do produto e a TPM devem ser novamente validados. Podem ser realizados estudos adicionais se os dados disponíveis não forem suficientes para validar o prazo de validade: testes de envelhecimento, testes de crescimento e microbiologia preditiva.

Os testes de envelhecimento avaliam o crescimento de bactérias em alimentos naturalmente contaminados e armazenados em condições razoavelmente previsíveis. No caso de microorganismos frequentemente detectados em alimentos no final do processo de fabrico, podem ser suficientes para determinar um prazo de validade. Contudo, "quanto menor for a prevalência do microrganismo em consideração, o que é frequentemente o caso dos agentes patogénicos, mais difícil é obter dados suficientes".

Os testes de crescimento avaliam o crescimento de microrganismos "artificialmente inoculados num alimento antes do seu armazenamento sob diferentes condições". Podemos assim ter informações sobre a sua capacidade de crescimento neste alimento (potencial de crescimento) e sobre a sua taxa de multiplicação (taxa de crescimento). Estes testes são especialmente úteis na criação de um novo produto para o qual existem poucos dados disponíveis. A microbiologia preditiva utiliza modelos matemáticos para prever o comportamento de microrganismos dentro do alimento, dependendo das suas características físico-químicas mas também de acordo com parâmetros externos como a temperatura. Assim, ao variar a temperatura ou as características dos alimentos durante o armazenamento, podemos modelar as consequências sobre o crescimento dos microrganismos, por exemplo. Além disso, as condições particulares de conservação e/ou utilização, em particular no que respeita à temperatura a respeitar, que garantem o prazo de validade avaliado, são indicadas no rótulo do produto.

4.3 Diferentes tipos de duração de vida

A regulamentação internacional impõe a colocação de algumas informações sobre os géneros alimentícios entre as quais datas de conservação: data de durabilidade mínima (DDM), prazo de consumo (DLC), data de congelação, etc. As datas de durabilidade são fixadas pelos operadores com base no prazo de validade, geralmente com uma margem de segurança para ter em conta as condições de armazenamento razoavelmente previsíveis.

2.1.1.1 Data de durabilidade mínima (MDD)

O termo "data de durabilidade mínima (DDM)" do produto substituiu o de "prazo de utilização óptima (DLUO)". O MDD é afixado ao produto em vez do UBD quando não é um "alimento microbiologicamente altamente perecível". Um alimento microbiologicamente estável abranda ou inibe o crescimento microbiano ou a produção de toxinas devido à sua composição físico-química (pH, Aw em particular), à presença de compostos inibidores ou à temperatura de armazenamento. A data de validade é precedida das palavras "de preferência antes de", quando a data inclui a indicação do dia, ou "de preferência antes do fim de", noutros casos. Para além do DDM, o alimento não é perigoso para a saúde, pode ainda ser consumido, mas pode perder algum do seu sabor e/ou textura. nutrição. Por exemplo, pode haver uma mudança no sabor, na cor ou mesmo do cheiro.

2.1.1.2 Prazo de validade (DLC)

O DDM é substituído pelo SLED no caso de "alimentos microbiologicamente altamente perecíveis e que, como resultado, são susceptíveis, após um curto período, de apresentar um perigo imediato para a saúde humana". O SLED indica um limite imperativo, para além do qual o produto terá de ser deitado fora por ser considerado perigoso, sendo precedido pelas palavras "a consumir até", a que se segue uma descrição das condições de conservação a respeitar.

4.4 Importância da temperatura de conservação

A fim de garantir a segurança e salubridade dos alimentos microbiologicamente instáveis, foram estabelecidas temperaturas de armazenamento em todas as fases da cadeia alimentar, com o objectivo de colocar os alimentos a temperaturas que não favoreçam o desenvolvimento de microrganismos patogénicos ou a formação de toxinas. Por exemplo, as carnes devem ser mantidas a uma temperatura não superior a 4°C para as aves de capoeira, 3°C para as miudezas e 7°C para outras carnes durante a fase de produção. Imediatamente após esta fase, deve ser arrefecida a uma temperatura central não superior a 2°C para carne picada e 4°C para preparados de carne, ou congelada a uma temperatura central não superior a -18°C. Estas temperaturas devem ser mantidas durante o armazenamento e transporte.

Quadro 1: Temperaturas mínimas de congelação e ultracongelação de certos géneros alimentícios de acordo com o Jornal Oficial argelino n°87 de 8 de Dezembro de 1999

Géneros alimentícios	Temperaturas mínimas
Miudezas	-12°C
Aves de capoeira, coelhos	-12°C
Produtos de ovos	-12°C
Manteiga, gorduras animais	-14°C
Produtos de pesca	-18°C
Carne	-18°C
Pratos preparados	-18°C
Todos os alimentos preparados com produtos de origem animal	-18°C
Gelados e sorvetes	-20°C

A cadeia de frio deve ser mantida especialmente para alimentos que "não podem ser armazenados em segurança à temperatura ambiente, particularmente produtos alimentares congelados". Além disso, "devem ser providenciadas instalações e/ou dispositivos adequados para manter os alimentos em condições de temperatura adequadas e para os controlar". O consumidor deve também respeitar as temperaturas indicadas nos rótulos dos alimentos para permitir uma boa conservação dos mesmos. As datas de validade, fixadas pelo fabricante, têm em conta estas temperaturas.

4.5 Géneros alimentícios perecíveis e altamente perecíveis

Todos os alimentos são perecíveis, com excepção de alguns produtos (sal, açúcar). Um "alimento perecível" é descrito como "qualquer alimento que pode tornar-se perigoso, especialmente devido à sua instabilidade microbiológica, quando a temperatura de conservação não é controlada" e a sua temperatura de armazenamento e transporte deve ser de +8°C no máximo. Um "alimento altamente perecível" é definido como "qualquer alimento perecível que pode tornar-se rapidamente perigoso, especialmente devido à sua instabilidade microbiológica, quando a temperatura de armazenamento não é controlada" e deve ser armazenado e transportado a uma temperatura máxima de +4°C. O termo "rapidamente" pode ser especificado como "perigoso em poucas horas ou alguns dias, dependendo do perigo, do alimento e da temperatura de armazenamento. Quanto mais instável for microbiologicamente um alimento, mais rápido será o crescimento de certos microrganismos durante o armazenamento e mais limitado será o prazo de validade desse alimento.

CAPÍTULO II
CONSERVAÇÃO PELO CALOR

O tratamento térmico dos alimentos é hoje em dia a técnica mais importante de conservação a curto e longo prazo. Visa destruir ou inibir totalmente enzimas e microrganismos e as suas toxinas, cuja presença ou proliferação poderia alterar os alimentos ou torná-los impróprios para consumo. A conservação por calor é aplicada aos alimentos numa fase final de preparação antes do seu consumo. O tratamento térmico é frequentemente utilizado:

• **Destruir** microrganismos (alterantes ou patogénicos) e/ou **inactivar** enzimas endógenas (responsáveis pela alteração): Este efeito está relacionado com o casal tempo/temperatura. Em geral, quanto maior for a temperatura e quanto maior a duração, maior será o efeito.

• **Estabilizar a estrutura** de certos produtos, especialmente alimentos à base de proteínas e lípidos (leite UHT);

• Para **melhorar** as **qualidades organolépticas do** produto (formação por reacções de Maillard de compostos aromáticos melhorando o sabor do produto).

2.1 Termisação (forma leve de pasteurização)

Esta técnica baseia-se no aquecimento do leite cru a 45°C durante 30 minutos, 63°C durante 16 segundos, ou 72°C durante 1 segundo para destruir bactérias patogénicas. Este tratamento térmico moderado é aplicado ao leite de queijo a fim de preservar a flora bacteriana natural e aumentar o rendimento do queijo. Ao contrário da pasteurização, a termização não tem por objectivo destruir a totalidade das estirpes patogénicas. É considerado como um procedimento de **conservação temporário**, de curta duração, reservado ao leite.

NB. Este tratamento deixa alguma fosfatase, ao contrário da pasteurização, que elimina toda a fosfatase alcalina.

2.2 Pasteurização

A pasteurização é um processo de conservação de alimentos desenvolvido pelo químico francês **Louis Pasteur**. Este tratamento térmico que é feito a uma temperatura **inferior a 100°C** deve ser seguido de um arrefecimento brusco uma vez que não são eliminados todos os microrganismos e que é necessário retardar o desenvolvimento dos germes ainda presentes (Ex. as bactérias formadoras de esporos). Três tipos de pasteurização são praticados de acordo com os casais (**Temperatura/Tempo**): pasteurização baixa (60 a 65 durante 15 a 30 Minutos), pasteurização alta (70 a 75 durante 15 a 40 Segundos), pasteurização flash (85 a 95 durante 1 a 2 Segundos).

Figura 1. instalação completa de uma linha de pasteurização de leite

Então que a pasteurização é um processo de conservação limitada. É necessário associá-lo:

- Uma embalagem hermeticamente selada,

- Uma atmosfera modificada ou vácuo,

- Refrigeração entre 4° e 6°C/,

- Conservantes químicos (ácido, açúcar, sal, ácido ascórbico, nitratos ou nitritos, etc.)

- A embalagem é marcada com as palavras "utilização por data" (7 a 24 dias).

A pasteurização é utilizada para alimentos cujas qualidades organolépticas são degradadas por um aquecimento demasiado rigoroso (leite, foie gras, pratos cozinhados, mel, etc.) ou que têm um pH suficientemente baixo para limitar o desenvolvimento dos microrganismos sobreviventes, assim termorresistentes (ex: sumos de fruta), como se pode utilizar quando apenas os microrganismos patogénicos devem ser eliminados (leite) ou quando se deseja eliminar uma parte da população microbiana para obter uma fermentação pretendida com um tipo de microrganismo adicionado

Q1. Como controlar a eficiência do tratamento térmico do leite pasteurizado?

A fosfatase alcalina é uma enzima termolábil naturalmente presente no leite. A presença ou ausência desta enzima torna assim indirectamente possível saber se a pasteurização foi efectuada correctamente. Uma medição da actividade da fosfatase alcalina do leite pode ser praticada da seguinte forma: Num tubo de ensaio, introduz-se: 5 ml de solução tamponada (pH =9,6) de substrato (sendo o substrato o nitro-4-fenilfosfato dissódico ou PNPP). O tubo é colocado num banho termostático a 37 °C durante 5 minutos, depois é adicionado 1 ml de leite a ser testado. Após incubação durante 30 minutos a 37 °C, é adicionado 1 ml de solução de hidróxido de sódio a 1 mol.L-1. Um controlo é realizado em paralelo nas mesmas condições com leite fervido.

Quadro 2: Finalidade da pasteurização para diferentes alimentos

Food	Main objective	Purpose of the	Examples of traminimum conditions	
pH < 4.5				
Fruit juice	Inactivation of the enzyme (pectin methylesterase and polygalacturonase)	Destruction of micro organisms of alteration (yeasts, moulds)	65°C for 30 min; 77 °C for 1 min; 80°C for 10±60 s	
pH > 4.5				
Milk	Destruction of agents pathogens: B , rucella abortis Mycobacterium tu berculosis, t burnettii	Destruction of microorganisms and enzymes	63°C for 30 min; 71,7 °C for 15 s; 88,3°C for 1s; 90°C for 0.5s	
Ice cream, ice milk or egg	Destruction of alteration microorganisms	Destruction of alteration microorganisms	69°C for 30 min; 71 °C for 10 s; 80°C for 25s; 82,2°C for 15s;	

2.3 Tyndallisation ou esterilização fracionária a vapor

Caso particular de tratamentos para objectos ou soluções sensíveis ao calor (preparação farmacêutica: soluções injectáveis). O processo consiste no aquecimento a 60-70°C durante 30 minutos a 1 hora, uma vez por dia, três dias seguidos e incubação a 37°C entre cada aquecimento.

1. O primeiro aquecimento de 30 minutos a 60°C mata as formas vegetativas e induz a germinação de possíveis esporos;

2. O 2º aquecimento, realizado nas mesmas condições, mata as formas vegetativas resultantes do primeiro aquecimento e induz uma germinação para possíveis esporos residuais;

3. O terceiro aquecimento de 30 minutos a 60 °C destrói as formas vegetativas resultantes do segundo aquecimento.

2.4 Esterilização

A esterilização é uma técnica de conservação dos alimentos por calor que consiste em expor os alimentos a uma temperatura, geralmente superior a 100°C (temperatura: 100- 150°C; na maioria das vezes >115°C, T° de referência 121,1°C), durante um tempo suficiente para inibir as enzimas e destruir a totalidade dos microrganismos presentes nas formas vegetativas ou de esporos. A esterilização permite que o produto tenha uma longa vida útil à temperatura ambiente (Exemplos: leite esterilizado UHT, alimentos enlatados, etc.). A esterilização do alimento e do seu recipiente pode ser obtida de duas maneiras: a primeira é uma esterilização separada do **recipiente** (recipiente) e do **conteúdo** (alimento), seguida de uma embalagem asséptica. Enquanto que a segunda é uma esterilização simultânea do recipiente e do seu conteúdo (apertização). As técnicas de esterilização mais comummente utilizadas são :

1. Esterilização clássica: 115°C durante 15 a 20 minutos,

a. Desvantagens: perda de 30% de vitaminas + sabor ligeiramente modificado.

2. Esterilização a alta temperatura: 140°C durante alguns segundos, este processo utiliza aquecimento indirecto ou aquecimento directo por contacto entre o produto e o vapor sob pressão. O produto esterilizado é então arrefecido e embalado assepticamente. Este processo é utilizado para a esterilização de produtos líquidos (leite, líquidos, etc.) ou de consistência mais espessa (sobremesas de leite, natas, sumo de tomate, etc.).

❖ **Esta técnica tem a vantagem de preservar a qualidade organoléptica e nutricional do produto esterilizado. No entanto, só pode ser utilizada no caso de produtos líquidos, como o leite.**

Os alimentos esterilizados podem ser armazenados à temperatura ambiente, desde que o recipiente não tenha sido aberto. **A upérisation** é um processo moderno. É utilizado para produzir leite UHT (Ultra High Temperature). A upérisation consiste em levar o leite instantaneamente a uma temperatura muito alta (140°C). É mantido a esta temperatura durante 2 a 5 segundos e depois é arrefecido com a mesma rapidez. O calor elevado mata todos os microrganismos e um certo número de enzimas são inactivadas, mas o tempo de tratamento muito curto não altera nem o sabor nem o valor nutricional do leite. O leite UHT pode ser armazenado durante vários meses (cerca de 3 meses) à temperatura ambiente, se a embalagem não tiver sido aberta. Contudo, uma vez aberta a embalagem, o leite só pode ser armazenado por um máximo de três dias a uma temperatura inferior a 7°C.

Nicolas Appert (1749- 1841) demonstrou a capacidade do calor para aumentar a duração de conservação dos alimentos (conserva). A apertização diferiu de todos os métodos anteriores pela combinação da destruição de todos os microorganismos e a protecção do alimento contra qualquer recontaminação microbiana subsequente. Foi uma revolução na indústria alimentar.
Autor de livros: A Arte de Preservar Todos os Tipos de Substâncias Animais e Vegetais durante Vários Anos (1810)

2.5 Apertização

A valorização é um processo de conservação que consiste na esterilização de alimentos perecíveis por calor em recipientes hermeticamente fechados (latas metálicas, frascos, etc.) (recipiente estanque à água, recipiente estanque ao gás e microrganismos). A sua descoberta remonta aos anos 1790.

A valorização é hoje amplamente utilizada para a conservação a longo prazo de alimentos de origem animal ou vegetal. A duração de conservação dos alimentos apertificados é de vários meses a vários anos.

Desvantagens : Este processo de conservação altera as qualidades gustativas do poço alimentar que permite uma boa conservação das qualidades nutricionais;

Em caso de falta de higiene ou má aplicação do procedimento, o risco o botulismo pode ser fatal.

2.6 Branqueamento

O branqueamento é um tratamento térmico de **alguns minutos a 70°C a 100°C** destinado a destruir as enzimas que podem alterar os vegetais ou frutas antes do seu processamento posterior (congelação, secagem, etc.). Na realidade, a destruição das enzimas é apenas um objectivo entre muitos outros e o papel do branqueamento, que é um **pré-tratamento** antes da secagem, liofilização, aperitivação ou congelação, é múltiplo.

2.6.1 Técnica do branqueamento

A escolha da técnica é feita de acordo com a natureza da matéria-prima a ser tratada.

• **O branqueamento da água** é utilizado para órgãos maciços de plantas. Tem a vantagem de um tratamento homogéneo dos alimentos, bem como a possibilidade de modular a temperatura de branqueamento.

• **O branqueamento a vapor** é utilizado para produtos altamente fragmentados. Este dispositivo tem a forma de um túnel de cerca de 15 metros de comprimento no qual o produto é transportado por uma correia transportadora e passa através de uma atmosfera de vapor. O tempo de residência dos produtos no vapor é determinado pela velocidade da correia transportadora. Este método preserva as substâncias solúveis. No entanto, o branqueamento é menos homogéneo, demora entre 20% a 40% mais tempo e é mais caro.

2.6.2 Controlo do branqueamento

A eficácia do branqueamento pode ser verificada através de testes de inactivação ou presença de duas enzimas amplamente encontradas nas plantas: a catalase e a peroxidase.

2.7 Cozinhar

A cozedura é um tratamento térmico dos alimentos de modo a torná-los comestíveis. O seu principal objectivo é, portanto, o desenvolvimento das características organolépticas do produto: Melhoramento do sabor, cheiro, cor e textura. De acordo com as escalas aplicadas, a cozedura pode ser associada a uma redução substancial, ou mesmo a uma eliminação, da carga microbiana presente no produto. Os produtos cozinhados podem ser armazenados no frigorífico durante alguns dias, e no congelador durante algumas semanas. Existem cinco **métodos básicos de cozedura**: Os alimentos podem ser imersos num líquido como água, caldo (aromatizado ou não) ou vinho (escalfado, caldo ou guisado), imersos em gorduras animais ou óleo (fritura), expostos ao vapor (vaporização e, em certa medida, brasagem) ou ao calor seco (assar, cozer, grelhar), ou fritos em pequenas quantidades de gordura quente (saltear).

Q2. Qual é a diferença entre a esterilização e a pasteurização?

A diferença com a pasteurização está no intervalo de temperatura aplicada durante o tratamento: mais de 100°C na esterilização e cerca de 70°C na pasteurização. Por outro lado, a eficácia do tratamento não é a mesma: de facto, a pasteurização destrói apenas as formas vegetativas mas não os esporos, o que induz uma possível recontaminação no momento da germinação dos esporos. Assim, um alimento esterilizado não tem uma data de validade (DLC) mas tem uma UBD (Use-by date) que é expressa em meses, mesmo em anos. Para além desta data, as propriedades organolépticas ou nutricionais já não estão garantidas, mas o produto alimentar não constitui um perigo para a pessoa que o irá ingerir. Dependendo da sensibilidade do produto e da embalagem que o contém, utilizaremos uma ou outra técnica de conservação.

A utilização do frio (redução da temperatura = "positivo" ou "negativo" frio) **para a conservação dos alimentos é** a técnica mais difundida. As baixas temperaturas atrasam o desenvolvimento de microrganismos, reacções químicas e enzimáticas que levam à deterioração do produto. As enzimas e reacções químicas são consideravelmente retardadas a baixas temperaturas < +5°C, enquanto a maioria dos microrganismos já não é capaz de actividade metabólica a temperaturas inferiores a -5°C. Sabe-se que existem três regras básicas a serem observadas na aplicação do frio :

I.O frio deve ser aplicado **a alimentos saudáveis para começar;**

II. O arrefecimento deve ser feito o mais **cedo possível**;

III.O frio **deve ser contínuo** ao longo da cadeia de distribuição: a cadeia de frio não deve ser interrompida.

Dois processos que utilizam esta técnica fria: **a refrigeração** e o **congelamento**. As baixas temperaturas podem ser :

3.1 Refrigeração: Acima de congelação

A refrigeração consiste em armazenar alimentos a uma temperatura baixa, perto do ponto de congelação, mas sempre positiva em relação a ele. Geralmente, a temperatura de refrigeração situa-se entre 0°C e +7°C. A estas temperaturas, a taxa de crescimento dos microrganismos é abrandada. A maioria dos microrganismos presentes pode portanto retomar a sua actividade logo que a temperatura seja favorável. A refrigeração é utilizada para a conservação de alimentos perecíveis a curto e médio prazo e tende a manter o alimento num estado muito próximo do seu estado inicial. O prazo de conservação varia de alguns dias a várias semanas, dependendo do produto, temperatura, humidade relativa e tipo de embalagem. A refrigeração abrange, de facto, duas fases:

a. Arrefecimento: isto é a descida da temperatura para o valor desejado. Excepto em casos excepcionais, este arrefecimento deve ser rápido, especialmente se se seguir à cozedura: o produto está então a temperaturas favoráveis à proliferação de microrganismos;

b. A conservação do produto a esta temperatura ($0°C<T°<+7°C$). As temperaturas de refrigeração não impedem o desenvolvimento de microrganismos, pelo que a conservação do produto será limitada no tempo.

A refrigeração abranda os mecanismos de degradação do material, vivo ou não, e o metabolismo celular dos órgãos vivos (actividade respiratória, crescimento, maturação). Atrasa a proliferação de populações microbianas, mas apenas destrói um número limitado de germes. A contaminação inicial dos produtos desempenha portanto um papel importante, qualquer aumento de temperatura, mesmo por um curto período, levando a uma reactivação do desenvolvimento de microrganismos.

3.1.1 Aplicação de refrigeração

▪ A refrigeração pode ser feita na produção (leite a 10°C imediatamente após a ordenha ou refrigeração da carne após o abate a + 2°C).

▪ Armazenamento a frio (armazenamento de legumes e frutas: até 7 meses a

+12°C para bananas ou +4°C para maçãs, algumas semanas de 0°C a +4°C para frutos com caroço).

▪ Maturação da carne (2 a 3 semanas a 0°C).

▪ Refrigeração nos bancos de pesca (15 dias a 0°C).

▪ Refrigeração em atmosfera gasosa (ovos, durante vários meses).

a. Benefícios

❖ A refrigeração permite difundir a comercialização de produtos frescos e o transporte do local de produção para o local de consumo ao longo do tempo;

❖ Também permite a maturação das carnes, aumentando a maciez das fibras musculares.

Desvantagens

❖ Por vezes retira o sabor dos produtos. Provoca a perda de vitaminas oxidáveis, em particular a vitamina C.

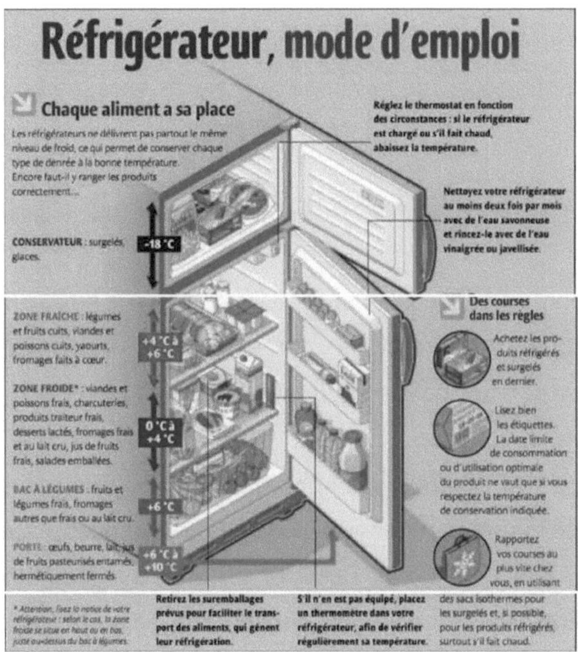

Congelação & Congelação profunda (abaixo do ponto de congelação)

O congelamento é armazenado a temperaturas inferiores a -12°C, o congelamento profundo é armazenado a temperaturas inferiores a -18°C. A actividade metabólica da maioria dos agentes patogénicos e germes de deterioração é inibida a temperaturas abaixo do ponto de congelação. No entanto, é necessário descer a -18°C para parar o desenvolvimento de leveduras e bolores e assim estabilizar a flora. Mesmo a -18°C, um produto ainda sofre uma alteração progressiva: a oxidação dos ácidos gordos ainda é possível a esta temperatura. Outros fenómenos também ocorrem: uma perda de água do produto, uma mudança na localização da água. Tudo isto explica porque é que a conservação de um produto congelado permanece limitada no tempo. Este tratamento abrange três fases sucessivas: baixar a temperatura (o mais rapidamente possível), manter a uma temperatura constante (é absolutamente necessário evitar diferenças de temperatura!) e descongelar (é necessário evitar temperaturas excessivas na superfície do produto).

3.2.1 Congelamento lento

O congelamento desenvolveu-se após o trabalho de **Charles Tellier** e **Mauvoisin** que codificaram as regras a seguir para obter um bom produto no seu "tripé: produto saudável, frio precoce e frio contínuo". O congelamento é a acção de submeter um produto ao frio de modo a provocar a passagem da água que contém para o estado sólido. Esta operação destina-se a retardar a evolução dos processos enzimáticos, garantindo assim uma maior duração de conservação. Este processo provoca a cristalização da água contida nos alimentos em gelo. Isto resulta numa diminuição significativa da água disponível, o que abranda ou elimina a actividade microbiana e enzimática. O congelamento permite assim a conservação dos alimentos durante um período mais longo do que a refrigeração. A congelação pode ser comparada à desidratação, a água cristalizada por congelação é ligada e torna-se inutilizável pelos microrganismos. O produto congelado deve ser consumido imediatamente após o descongelamento porque este tratamento não destrói enzimas ou microrganismos. O congelamento lento é frequentemente utilizado para o congelamento de peças grandes (talho) e durante o congelamento doméstico onde não excedemos -20°C. Neste caso, o arrefecimento dos alimentos é feito lentamente o que leva à formação de cristais de gelo de tamanho relativamente grande em comparação com o das células do produto.

3.2.2 Congelação rápida (congelação profunda)

Este processo de congelação rápida inclui elementos fundamentais: A utilização de temperaturas **muito baixas entre** - 30°C e - 50°C; A **velocidade** de arrefecimento que deve permitir atravessar rapidamente a zona de temperatura máxima de cristalização. É uma questão de levar o mais rapidamente possível o "coração" do alimento a uma temperatura igual a -18°C. Esta técnica de arrefecimento é utilizada para peças pequenas, frescas e seguras. O produto é então sujeito a uma temperatura inferior à do congelamento lento, cerca de -40°C, para que o "coração" do produto atinja rapidamente a temperatura de -18°C a ser mantida. Esta técnica permite a formação de muitos pequenos cristais de gelo que não deterioram os alimentos. Um pequeno exsudado é então produzido durante o descongelamento.

3.2.2.1 Impacto do frio negativo nas características dos alimentos

A degradação da vitamina C é consideravelmente retardada, uma vez que a água contida nas células pode levar a mudanças estruturais. Um exsudado significativo durante o descongelamento. A oxidação das gorduras é um dos factores limitantes na utilização desta técnica. Vegetais, frutas, alguns queijos, manteiga, ovos, sumos de fruta, carnes, produtos de peixe, refeições prontas, pastelaria e outras sobremesas (gelados, etc.) podem ser congelados. A conservação pode exceder dois anos, é necessário que a embalagem dos alimentos congelados seja apertada ao vapor (contra a secagem) e ao gás (risco de oxidação ou de tomada de cheiros).

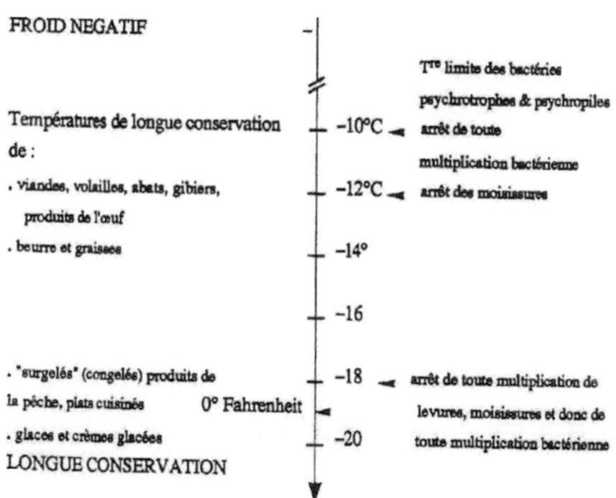

FROID NEGATIF
Températures de longue conservation de :
. viandes, volailles, abats, gibiers, produits de l'œuf
. beurre et graisses
. "surgelés" (congelés) produits de la pêche, plats cuisinés
0° Fahrenheit
. glaces et crèmes glacées
LONGUE CONSERVATION
-10°C
-12°C
-14°
-16
-18
-20
Tᵗᵉ limite des bactéries psychrotrophes & psychropiles
arrêt de toute multiplication bactérienne
arrêt des moisissures
arrêt de toute multiplication de levures, moisissures et donc de toute multiplication bactérienne

CAPÍTULO IV

TÉCNICAS DE PRESERVAÇÃO POR SEPARAÇÃO E REMOÇÃO DE ÁGUA

4.1 Desidratação

A desidratação é uma técnica física de conservação de alimentos. Consiste em eliminar, parcial ou totalmente, a água contida nos alimentos (carne, vegetais, fruta, leite, etc.) por uma fonte de calor (forno, sol, secador de ar quente ventilado, etc.). Este processo tem dois interesses principais: reduzir o **Aw do** produto para inibir o desenvolvimento de microrganismos e parar as reacções enzimáticas e reduzir o **peso e volume de** um alimento por razões económicas tais como: embalagem, transporte e armazenamento. Distinguimo-nos:

• A **concentração** (do produto) que consiste em aumentar a massa de um produto por unidade de volume e pode ser realizada por desidratação parcial;

• **A secagem** que consiste em remover o excesso de humidade por evaporação da água. resulta em produtos alimentares conhecidos como secos;

• **A liofilização**, anteriormente chamada criodessecação, que consiste em congelar um alimento e depois submetê-lo a um vácuo, a água passa assim directamente do estado sólido para o de vapor, é "a sublimação do gelo".

Os produtos secos estão famintos por água! O armazenamento à temperatura ambiente é possível se os alimentos estiverem bem embalados e protegidos da humidade.

4.1.1 Secagem

A secagem é a remoção do excesso de humidade por evaporação da água. Trata-se de um método de conservação mais antigo. O objectivo da secagem foi sempre o de obter um produto leve e estável, que possa ser facilmente embalado e conservado. A técnica clássica é a secagem do produto no ar ambiente (secagem solar). No entanto, a maior parte da produção de alimentos secos é feita por métodos artificiais. Muitos factores intervêm durante o processo de secagem, determinando a sua velocidade e a qualidade do produto obtido:

• Temperatura do ar,

• O caudal de ar que permite a evacuação do vapor de água formado ;

• Características do produto (composição, textura, etc.);

• As dimensões dos produtos (espessuras, larguras, comprimentos); Podemos geralmente classificar os produtos a secar em vários grupos:

▪ São utilizadas substâncias simples, frequentemente materiais purificados, tais como sacarídeos, amido, etc. Em princípio, as técnicas de secagem necessárias são as mais simples.

▪ Substâncias líquidas (soluções, suspensões, emulsões, etc.), que são frequentemente secas por pulverização ou por placas aquecidas.

Em geral, a perda de água é rápida no fluxo e depois abranda e, se a operação for prolongada, a maioria dos alimentos que mantiveram as suas próprias estruturas, tais como carne, peixe, vegetais escaldados, café, fruta, etc. Para alguns produtos alimentares, o período de secagem é muito longo devido à heterogeneidade da sua estrutura e ao fenómeno de migração de humidade do centro do produto para o exterior.

4.1.2 Liofilização

A liofilização, anteriormente chamada "Cryodessication", é uma operação de desidratação a baixa temperatura que consiste em desidratar um produto previamente **congelado** por **sublimação**, a maior parte da água contida num produto, no final deste ciclo, o produto não contém mais de 1% a 5% de água. Esta técnica permite uma conservação a longo prazo, graças à diminuição da actividade da água do produto. Este processo é utilizado em particular pela indústria alimentar para a conservação de: café em pó, cacau em pó, certas frutas e vegetais, sacos de sopas e molhos, iogurtes, refeições prontas para uso exterior e para os astronautas.

a. Vida de prateleira e reidratação

Os alimentos liofilizados podem ser armazenados durante vários anos. A embalagem a vácuo (não necessária por períodos curtos) permite a conservação de vitaminas (A, C e B) que se deterioram no ar. A embalagem opaca permite a conservação da vitamina B12 que é muito sensível à luz. Este processo foi inventado em **1906 pelo Arsène d'Arsonval & F** francês. **Bordas**, inicialmente utilizado como método de laboratório, foi introduzido na indústria alimentar em 1958, mas não conhecia o desenvolvimento esperado por várias razões: por um lado, o preço de custo bastante elevado e a melhoria das outras técnicas de secagem industrial; por outro lado, a dificuldade de restaurar por reidratação a estrutura de alguns alimentos liofilizados e a utilização de equipamento dispendioso, torna a liofilização reservada apenas a alimentos com elevado valor acrescentado. Em geral, a liofilização envolve quatro etapas essenciais (**Figura A**):

i.**Preparação de produtos**: tais como lavagem, moagem, corte, branqueamento, pasteurização, etc.

ii. **Congelamento a baixa temperatura**: a fim de transformar o máximo de água em gelo (-20°C a -80°C);

iii. **Secagem por vácuo em** duas fases: primeiro, sublimação ou secagem primária, em que a remoção da água é efectuada sob pressão reduzida, depois dessorção ou secagem secundária, que reduz a água que permanece no gelo quando o gelo desaparece. Esta última operação é essencial para dar ao produto um teor de água suficientemente baixo para a sua conservação.

iv.E finalmente, a **embalagem do produto:** sob vácuo ou sob gás inerte.

b. Vantagens da liofilização

- A principal vantagem da liofilização é que os alimentos mantêm a sua estrutura e sabores em comparação com os secadores comerciais,
- A refrigeração não é necessária para armazenar alimentos liofilizados,

- O peso dos alimentos é também reduzido por liofilização, o que constitui uma vantagem para o transporte,
- A reidratação de alimentos liofilizados é muito rápida porque têm uma textura muito porosa.

c. Desvantagens da liofilização

- Este é um método muito caro. São necessários cerca de 1500 kW/h de energia para remover uma tonelada de água. Além disso, as instalações (incluindo a liofilizador) são muito dispendiosas.
- Devido aos custos envolvidos, a generalização aos produtos mainstream é impossível.

- Deve ter-se cuidado ao armazenar estes alimentos liofilizados, uma vez que absorvem facilmente a humidade do ar. É frequentemente necessário utilizar embalagens em atmosfera controlada (vácuo).

▪ Os alimentos que estão em peças grandes podem ser processados, mas requerem demasiada energia para serem produzidos, pelo que são muito caros para serem vendidos. A liofilização está portanto limitada aos alimentos em pó ou alimentos em pedaços muito pequenos.

Quadro 3: Comparação entre liofilização e secagem

Secagem	Características	Liofilização
Sim, muito acessível	Acessibilidade do método	Nem por isso
Econômico	Custos relacionados com o método	Muito caro
Média	Eficiência	Bastante bom
Até alguns meses	Vida de prateleira	Até alguns anos
Mudança frequente de cor, de textura e de sabor	Aspecto do produto final	Muito perto dos alimentos frescos
Demorar vários minutos, em água muito quente	Tempo de reidratação	Alguns minutos, mesmo em água quente

4.1.3 Fumar ou fumar

Esta técnica por definição é a operação de submeter um alimento à acção de compostos gasosos que é libertado durante a combustão de certas plantas. A vantagem desta técnica é principalmente gustativa. Mas esta técnica desempenha um papel muito importante na coloração e aromatização dos alimentos, conservação dos produtos (efeito antibacteriano, efeito fungicida, etc.). O fumo pode ser feito a frio (12-25°C), a quente (50-85°C: a destruição dos microrganismos é acompanhada de desnaturação das proteínas) ou a uma temperatura intermédia (25-50°C).

CAPÍTULO V

OUTRAS TÉCNICAS DE CONSERVAÇÃO

5.1 Preservação por acidificação

Está bem estabelecido que a maioria dos microrganismos crescem melhor a um pH por volta de 7, enquanto muito poucos podem crescer a um pH inferior a 4. Isto explica a distinção que é frequentemente feita entre "alimentos ácidos" (pH < 4,6) considerados relativamente estáveis e outros. A influência do pH é no entanto muito variável dependendo dos microrganismos (ver **Figura**).

5.1.1 Fermentação

A fermentação pode ser definida como a utilização controlada de microrganismos seleccionados para preservar alimentos através da produção de ácidos ou álcool e para modificar as suas características organolépticas. A melhoria da conservabilidade dos alimentos fermentados baseia-se no efeito do pH ou de um ácido orgânico (para fermentação láctica) ou no efeito do álcool (para fermentação alcoólica) sobre os microrganismos.

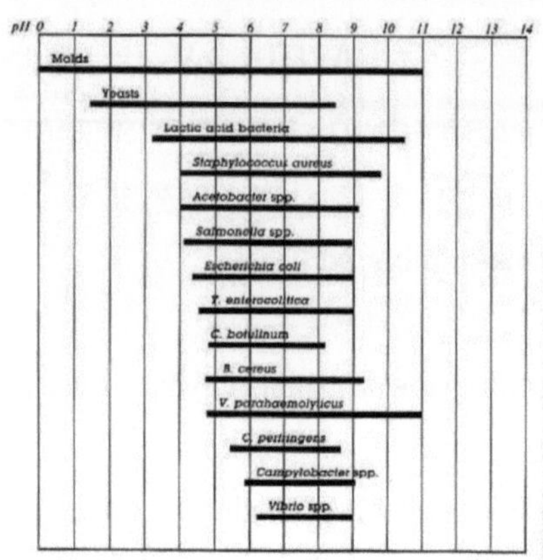

Esta técnica, utilizada pelo homem durante milhares de anos numa base experimental, não está isenta de riscos se não for controlada. De facto, é importante que os microrganismos na origem dos efeitos desejados não sejam patogénicos e não gerem qualquer alteração. O controlo desta técnica baseia-se na escolha dos microrganismos que permitem esta fermentação ("fermentos") e no controlo dos parâmetros que favorecem o desenvolvimento destes microrganismos (temperatura, pH, A_w , nutrientes, etc.). Uma evolução mais recente desta técnica é a utilização de microrganismos como "flora protectora".

5.2 Radiação ionizante

A radiação ionizante é uma radiação de energia muito elevada capaz de deslocar os electrões dos átomos e moléculas e convertê-los em partículas carregadas electricamente, chamadas iões.

Estas radiações ionizantes são de natureza electromagnética como as ondas de rádio, luz visível, infravermelha ou ultravioleta. Distinguem-se fisicamente por um comprimento de onda muito pequeno e, portanto, por uma energia muito elevada, mas insuficiente para induzir a radioactividade no material exposto. Os alimentos que foram tratados com radiação ionizante são "irradiados". Não são "radioactivos". A irradiação pode ser realizada com raios X, β-rays (produzidos por um pedal de gás electrónico) ou γ-rays (produzidos por um radioisótopo). Os alimentos são mais frequentemente irradiados com raios γ-rays. A dose de radiação é a quantidade de energia absorvida pelo alimento, é expressa em Cinza (ou Gy), um Gy correspondente à absorção de uma quantidade de energia de um Joule por kg de alimento. Em 1980, o comité conjunto F.A.O. (Organização para a Alimentação e Agricultura) / W.H.O. (Organização Mundial de Saúde) / I.A.E.A. (Agência Internacional de Energia Atómica) reconheceu, após numerosos estudos toxicológicos, a inocuidade da ionização para doses inferiores a 10 kGy (10.000 Gy).

As doses geralmente utilizadas (até 10kGy) tornam possível a destruição de microrganismos através da produção de lesões no seu material genético causando disfunções metabólicas que levam à sua morte a curto prazo. É óbvio que para uma determinada dose de radiação, a eficácia do tratamento será tanto menor quanto o número de microrganismos inicialmente presentes no produto for elevado. Este tratamento não põe, portanto, em causa as medidas habituais de higiene. Além disso, a radiação ionizante, nas doses habitualmente utilizadas, não destrói as toxinas já produzidas pelos microrganismos antes do tratamento. Portanto, a fim de evitar que este tratamento seja aplicado a alimentos demasiado contaminados, a legislação impõe a enumeração dos germes presentes nos mesmos antes do tratamento. Os efeitos da radiação ionizante não se limitam aos microrganismos presentes no produto: podem também ser utilizados para desinfectar alimentos (por exemplo, cereais, leguminosas) e para retardar o amadurecimento de fruta e vegetais frescos (perturbando o mecanismo enzimático endógeno responsável por este amadurecimento).

NB: O tratamento ionizante não se destina a substituir todos os processos de preservação actualmente utilizados. A autorização para a aplicação deste tratamento varia de país para país.

5.3 Compostos com propriedades antimicrobianas ou antioxidantes

Muitas substâncias 'naturais' podem ter efeitos positivos na conservação dos alimentos. O vit. C e vit. E, por exemplo. Se são adicionados a um alimento por razões tecnológicas (por exemplo, efeito antioxidante), são considerados como "aditivos". A adição de vit. E aos animais durante a sua vida permite enriquecer os seus tecidos em vit. E e, consequentemente, aumentar o tempo de vida da carne que será produzida (a adição de aditivos à carne fresca é proibida). Tal suplemento é mais eficiente do que uma incorporação directa na carne.

CAPÍTULO VI

EMBALAGEM DE ALIMENTOS:TERMINOLOGIA, FUNÇÕES E INDÚSTRIA

As embalagens já existiam há várias centenas de anos, sendo o seu papel principal conter e transportar os produtos em segurança. A embalagem é frequentemente composta por múltiplos componentes de diferentes formas, funções e materiais para satisfazer as necessidades complementares de um determinado produto. Em particular, as embalagens alimentares (produtos sensíveis e perecíveis) não devem apresentar um risco para a saúde humana e devem ser compatíveis com a natureza do produto, a sua forma física, a sua protecção e a sua degradação causada por várias causas biológicas ou químicas. Para construir uma base técnica lexical de qualidade, é essencial voltar a uma classificação de termos-chave na indústria de embalagem de alimentos.

6.1. Embalagem primáriaEm contacto directo com o produto, o seu objectivo é contê-lo e preservá-lo. Esta embalagem deve ser compatível com o produto e protegê-lo de quaisquer contaminantes externos que possam causar uma degradação indesejada.

Para ilustração concreta (figura acima): O saco plástico de cereais constitui uma embalagem primária. A caixa de cartão contendo o saco de plástico de cereais é uma embalagem primária. secundária. A caixa de papelão ondulado de caixas de cereais é uma embalagem de expedição. A palete é a embalagem de transporte.

6.2. Embalagem: TerminologiaA **fim** de ser

6.1.2 Embalagem de expedição

Inclui várias embalagens secundárias para o **manuseamento** e **protecção** de contentores durante o transporte.

6.1.3 Embalagens de transporte

É frequentemente feita por paletes reutilizáveis de madeira ou plástico que permitem a transporte, armazenamento e manuseamento de determinadas quantidades de unidades de expedição.

6.3 Papéis das embalagens alimentares

O papel da embalagem é conter o produto, preservá-lo da contaminação, permitir o seu transporte, distribuição, armazenamento, exposição, utilização e finalmente a sua eliminação final. O quadro abaixo resume os diferentes papéis e intervenientes na embalagem de alimentos.

Quadro 4: Papéis de embalagem

Conter	Venda	Fabricantes
Conservar	Comunicar	Transformadores
Transportador	Motivar	Retalhistas/grossistas
Utilização	Informe	Consumidores

6.2 Embalagem e alimentos

6.2.1 Embalagens de vidro e metal

As embalagens de vidro e metal costumavam estar entre as mais utilizadas na indústria alimentar, mas são caras e mais pesadas para o transporte. As embalagens de cartão e plástico tornaram-se mais populares porque são mais flexíveis e mais leves. Desde o início, as embalagens de vidro são concebidas para suportar esmagamento vertical, choques nas linhas de embalagem (físicos ou térmicos), transporte, bem como a pressão interna no interior do contentor. Além disso, estas embalagens são infinitamente recicláveis. As embalagens de vidro e metal são frequentemente utilizadas para bebidas.

6.2.2 Embalagens de alumínio

O alumínio é extremamente funcional como material de embalagem de alimentos porque tolera temperaturas extremas. Por conseguinte, é bem adequado para alimentos que precisam de ser congelados, grelhados, assados ou simplesmente mantidos frescos. Alguns recipientes são suficientemente fortes para conter grandes quantidades de alimentos, mantendo ao mesmo tempo o peso leve que é característico do alumínio.A desvantagem mais importante das embalagens alimentares de metal e alumínio é a sua incompatibilidade com o aquecimento por microondas. Tal como o aço e o vidro, o alumínio é indefinidamente e totalmente reciclável, sem alterar as suas propriedades intrínsecas. A sua recuperação permite limitar o consumo de energia. O alumínio é utilizado principalmente como embalagem de bebidas açucaradas, tais como refrigerantes, bebidas energéticas e xaropes.

6.2.3 Embalagens de papel/cartão

Esta embalagem é um subproduto da indústria da madeira. As fibras de celulose podem ser recicladas até sete vezes, o que torna este produto interessante do ponto de vista ambiental, mas também do ponto de vista dos custos. Na indústria alimentar, geralmente, um material com menos de 300 micrómetros de espessura é chamado papel, enquanto que um material com mais de 300 micrómetros é chamado cartão. As caixas de cartão são sensíveis à humidade e alteram as suas propriedades físicas dependendo do ambiente externo. É de notar que as embalagens de cartão para refrigeração são frequentemente enceradas, o que as torna não recicláveis. A nossa indústria utiliza principalmente cartão para caixas dobráveis (tubos, bandejas, cestos, etc. no sector dos biscoitos), recipientes para líquidos (Tetra Brik, Gable Top, etc. no sector leiteiro) ou caixas de cartão ondulado para manuseamento e transporte (todos os sectores).

6.2.4 Embalagens plásticas

Os plásticos são polímeros muitas vezes derivados do petróleo e o seu preço varia enormemente com ele. A maioria dos plásticos utilizados em embalagens são termoplásticos comerciais. Entre os materiais utilizados na embalagem de alimentos, encontramos: polietileno, polipropileno, poliestireno, cloreto de polivinilo, acetato de polivinilo e tereftalato de polietileno. Cada plástico tem as suas próprias propriedades e características de permeabilidade ao gás e à humidade. Cada material tem um símbolo comummente utilizado na indústria (PP, PETE, PVC, CPET, etc.). A indústria dos plásticos desenvolveu um símbolo de reciclagem com um número para os seis plásticos mais comummente utilizados. O quadro abaixo fornece um bom resumo dos diferentes plásticos e das suas utilizações mais comuns na indústria alimentar. Este quadro dá uma visão geral das propriedades mais importantes dos plásticos utilizados na indústria alimentar.

Quadro 5: Nomenclatura e âmbito de aplicação dos plásticos

	Politereftalato de etileno (PETE): Frequentemente utilizado para garrafas de refrigerantes, óleo de cozinha, etc. Na película, é utilizado principalmente pelas suas propriedades de selagem a qualquer outro material de embalagem, e como película de moldagem. É actualmente o plástico mais reciclado. Para microondas e fornos, a indústria utiliza PET que resiste a temperaturas elevadas.temperaturas mais elevadas.
Exemplos: Garrafas de água, soro de leite, maionese, garrafas de detergente (limpa janelas...),vinagre, óleo, sumo e refrigerante... etc	
	Polietileno de alta densidade: Muitas vezes utilizado para garrafas de detergente, recipientes de sumo, recipientes de congelação, caldeiras, barris e fechos. Representa 50% do mercado das garrafas de plástico. Em filme, é muitas vezes utilizado para barris e forros de latas na indústria alimentar. Custo baixo e boa barreira de oxigénio
Exemplos: Frascos de champô, frascos de detergente, frascos de sumo, etc.	
	Cloreto de polivinilo (PVC): É o segundo plástico mais utilizado no mundo (20% de todos os plásticos) depois do polietileno (32%). Utilizado para garrafas e potes de mel, geleias e maionese com uma excelente transparência. Em filme, é também utilizado para mangas termo-retrácteis e selos de segurança. N. Nota: pode ser controverso devido ao seu teor de cloro
Exemplo : Filme alimentar	
O invólucro alimentar impede a transferência de odores no frigorífico. É também um material que protege contra a humidade. É um rolo ecológico que não deve ser colocado no forno. A película extensível profissional de pvc para alimentos tem uma grande quantidade e grande qualidade. Esticável, flexível e resistente, adapta-se ao tabuleiro com grande conforto e facilidade de armazenamento. A película extensível alimentar de polietileno existe em vários diâmetros, formatos de película plástica que estão disponíveis em 30 ou 45 cm de largura.	
	Polietileno de baixa densidade : Geralmente utilizado para alguns sacos ou embalagens de plástico (garrafas apertáveis, tampas ou fechos). Em filme, é utilizado para estabilizar caixas ou paletes (extensíveis ou termo-encolhíveis). Baixo custo e barreira média ao oxigénio.
Exemplos: Embalagem de alimentos; garrafas; sacos de plástico de mercearia; sacos de vegetais e pão; sacos de lixo, tampas de garrafas de leite.	

	Polipropileno (PP): Utilizado para algumas chávenas para crianças, garrafas desportivas reutilizáveis, recipientes reutilizáveis para alimentos, iogurtes, leite e margarinas. É mais comummente utilizado para recheios e tampas quentes. Baixo custo e barreira à humidade.

Exemplos: Caixas de armazenagem de alimentos, especialmente se forem gordurosas. Recipientes de iogurte, formas de cozer, etc. spread, margarina, mel....etc.

	Poliestireno (PS): Utilizado principalmente para copos e recipientes termoformados ou moldados por injecção. Na indústria alimentar, é utilizado principalmente em bandejas e recipientes de esferovite para produtos frescos e embalagens de protecção. O PS expandido é utilizado principalmente como suporte de rolos de etiquetas. Nunca aqueça alimentos em recipientes de poliestireno (pode ser um risco para a saúde).

Exemplos: Recipientes e utensílios descartáveis; tabuleiros de esferovite; etc.

	Outros plásticos, tais como o Policarbonato: Utilizado para biberões e alguns copos para bebés feitos de policarbonato translúcido e rígido, assim como biberões de 20 litros e cerca de 3,5 litros de água.

Exemplos: Garrafas refrigeradoras de água, garrafas reutilizáveis, copos de plástico
garrafas grossas.....etc

6.3 Embalagem e transporte/distribuição

Se olharmos atentamente para a questão do transporte, podemos optimizá-lo através de duas ferramentas. Primeiro, através da redução da rota de entrega para reduzir o tempo gasto na estrada e, segundo, através da embalagem para reduzir o número de veículos de transporte necessários para a entrega. Desta forma, reduzimos os custos logísticos e de manutenção, bem como o consumo de combustível. Os factores que melhoram a nossa eficiência logística são:

1. Reduzir o volume e o peso da nossa embalagem;

2. Optimizar as dimensões da embalagem de expedição para manter o espaço das paletes;

3. Escolher o meio de transporte mais ecológico;

4. Um melhor planeamento das rotas das nossas frotas de transporte;

5. Fornecedores sob pressão também para melhorar as suas embalagens.

Ao longo do seu ciclo de vida, um produto percorre uma longa cadeia de abastecimento antes de chegar ao consumidor.
Em cada fase, a embalagem deve fornecer uma protecção adequada para evitar qualquer degradação ou dano físico. Os factores com os quais tanto a embalagem como o produto devem lidar são: variações de temperatura, humidade e choques. Se um produto for danificado devido a uma embalagem defeituosa, a perda económica e ecológica é considerável.

BIBLIOGRÁFICOS

Anses (2015). Definição de alimentos perecíveis e altamente perecíveis.
Parecer de Anses, referência no.2014-SA-0061.

[https://www.anses.fr/fr/system/files/BIORISK2014sa0061.pdf] (Acesso
em 13/9/15).

Anses. Cartões de risco biológico transmissíveis através dos alimentos
[Online] (Actualizado em 26/08/2015).

[https://www.anses.fr/fr/content/les-toxi-infections-alimentaires-
collectives-tiac] (Acesso em 10/09/2015).

AUGUSTIN J.-C., CARLIER V. (2012). Controlo microbiológico dos
alimentos. Folheto. Ecole Nationale Vétérinaire d'Alfort, Unité d'Hygiène
et Industries des Denrées Alimentaires d'Origine Animale, 52 p.

BIO Intelligence Service (2010). Estudo preparatório sobre resíduos
alimentares em toda a UE 27. Comissão Europeia.

[http://www.ecoemballages.fr/sites/default/files/bio_foodwaste_report.pdf]
(Acesso em 26/10/2015).

BITON M. (1997). Arquivo: processos de conservação de alimentos.
Instituto Danone. Objectif Nutrition n°35 de 28/09/1997.

[http://institutdanone.org/objectif-nutrition/les-procedes-de-conservation-
des- food/file-food-preservation-procedures] (Acesso em 12/10/15).

DGCCRF (2014). Conservação de alimentos. Ficheiros práticos de
competição e consumo.

[http://www.economie.gouv.fr/dgccrf/Publications/Vie-pratique/Fiches-
práticas/preservação de alimentos] (Acesso 10/15/15).

NEWSOME, R. et al. (2014). Aplicações e percepções da etiquetagem
de datas de alimentos. Comp. Rev. em Ciência Alimentar Segurança
Alimentar. 13, 745-769.

PARFITT J. et al. (2010). Resíduos alimentares nas cadeias de
abastecimento alimentar: quantificação e potencial de mudança até
2050. Phil. Trans. R. Soc. B. 365, 3065-3081.